LA MINE

DE

GRAPHITE DE SIBÉRIE

DÉCOUVERTE EN 1847

PAR

M. J.-P. ALIBERT

RÉFUTATION DE QUELQUES ERREURS

A PROPOS DE LA DÉCOUVERTE

DU GRAPHITE DE SIBÉRIE DE LA MINE ALIBERT

PARIS
IMPRIMERIE POITEVIN
2 ET 4, RUE DAMIETTE, 2 ET 4

1864

LA MINE

DE

GRAPHITE DE SIBÉRIE

DÉCOUVERTE EN 1847

PAR

M. J.-P. ALIBERT

RÉFUTATION DE QUELQUES ERREURS

A PROPOS DE LA DÉCOUVERTE

DU

GRAPHITE DE SIBÉRIE

DE LA MINE ALIBERT

EXTRAIT DE LA GAZETTE DE SAINT-PÉTERSBOURG

ANNÉE 1856

(N° 41)

Dans l'article suivant, bienveillant d'ailleurs sous plusieurs autres rapports, la **Gazette** (russe) **de Saint-Pétersbourg** émet l'opinion que la mine de graphite de Sibérie n'a pas été découverte par M. Alibert.

Irkoutsk. Il y a deux ou trois ans environ, les journaux ont annoncé que M. Alibert avait trouvé dans les monts de la Sibérie orientale d'excellent graphite, ou crayon noir, ne le cédant en rien au fameux graphite de Borrowdale, avec lequel le célèbre Brookman fabriquait ses crayons.

L'annonce de la découverte du graphite a été répétée dans les journaux de l'année dernière et de la présente année.

Ils ajoutaient, cette fois, que M. Alibert a employé plusieurs années pour trouver du graphite, qu'il a dépensé plus de 80,000 roubles d'argent, et qu'il a enfin, après d'incroyables difficultés, découvert un gisement de ce même minéral.

Sans mettre nullement en doute que M. Alibert ait dépensé 80,000 roubles pour son entreprise, et qu'il soit enfin arrivé à une veine continue de graphite de qualité parfaite; que les crayons confectionnés avec ce graphite ne le cèdent en rien à ceux de Brookman; sans déprécier la louable intention de M. Alibert de fonder une fabrique de crayons en Russie, nous demanderons s'il est possible que nous autres Sibériens ayons dormi debout sans nous apercevoir des trésors que nous avions devant nous, et qui ont été si rapidement découverts par M. Alibert!

Ainsi, beaucoup de personnes sont convaincues que c'est Humboldt qui a trouvé le diamant dans les monts de l'Oural, tandis que le fameux savant n'a fait qu'en prédire la découverte, se basant sur la récente découverte faite dans lesdits monts du *carounde*, qui accompagne toujours le diamant. On ne sait cependant pas encore jusqu'à présent si la prédiction du fameux naturaliste s'est réalisée, quoique, dans une mine, on ait bien vu apparaître des diamants; mais cela n'a pas duré longtemps.

Voici le fait :

A l'ouest de la ville d'Irkoutsk, le long de la frontière chinoise, on trouve d'énormes montagnes : mont sur mont, comme l'on dit. Ces montagnes n'ont pas de nom général, mais les plus élevées d'entre elles portent des noms mongols. Les cours des rivières font voir que les penchants desdites montagnes vont vers le fleuve Angara. A quelque distance de la frontière sont disposés des postes de sentinelles de Cosaques, dont le commandant réside dans la petite forteresse de Tounka, située sur la rivière Irkout. Près d'un de ces postes de sentinelles passe la rivière Gargan.

Dans les montagnes qui bordent cette rivière, on trouve à la superficie du sol des morceaux de graphite de qualité excellente. Les Cosaques, les habitants de la forteresse de Tounka et même ceux d'Irkoutsk, s'en servent pour leurs besoins. Nous aussi, étant élève du Gymnase, nous dessinions avec des morceaux de ce graphite. On voulait essayer d'en faire des crayons, mais la pensée que les frais de fondation d'une fabrique ne se trouveraient pas couverts par la vente de quelques 500 crayons par an arrêtait les entrepreneurs.

Vers l'année 1840, M. Alibert arriva dans la Sibérie orientale avec de la bijouterie. Il vendit avantageusement sa marchandise, partit pour Paris, et revint en Sibérie avec un nouvel assortiment de bagatelles. A cette époque, la fièvre de l'or atteignait son apogée. Comment ne pas se laisser entraîner par le courant général? M. Alibert se joignit à une Compagnie qui cherchait de l'or aux sources des rivières Kitoï, Irkoutsk et Oka. Les recherches restèrent infructueuses : on trouvait de l'or au bord de chacune desdites rivières, mais en quantité trop insignifiante.

A cette époque, le commandant de Tounka avait conçu l'idée de fabriquer des crayons avec le graphite du Gargan; il sciait ce graphite en barrettes qu'il montait en bois, mais sans nullement s'occuper sérieusement de cette affaire et sans y attacher d'autre importance que celle d'un passe-temps.

C'est chez lui que M. Alibert vit pour la première fois le graphite de Gargan, et il observa, à son grand étonnement, que ledit graphite ne le cédait en rien au graphite anglais (1). Aussitôt fut formé le projet de trouver un gisement de graphite et de fonder une fabrique de crayons.

Les Cosaques de la frontière conduisirent M. Alibert à la

(1) Cette assertion est entièrement controuvée. En passant à Tounka, M. Alibert n'a jamais vu de graphite, ni chez le commandant de la forteresse, ni chez d'autres personnes.

montagne d'où ils tiraient le graphite, et l'on se mit à l'œuvre qui fut couronnée d'un plein succès. M. Alibert eut le bonheur d'arriver à une énorme veine de graphite d'excellente qualité.

On voit par ce qui précède que ni la Sibérie ni la Russie ne sont redevables à M. Alibert de la découverte du graphite. On connaissait le graphite cent ans avant son arrivée en Sibérie, et s'il n'était pas généralement employé, c'était d'abord parce qu'il était extrêmement difficile de le transporter à Irkoutsk. Il faut, pour ce transport, faire 200 verstes (1) à cheval par les montagnes, à travers des localités complétement désertes; il faut absolument s'approvisionner de vivres et de chevaux. Sans doute on trouve sur cette route trois postes de sentinelles de Cosaques, mais les Cosaques n'y demeurent que temporairement; ils ne peuvent que donner à manger à un hôte, et, s'ils le connaissent, lui prêter un cheval. En second lieu, personne ne se décidait à fonder une fabrique de crayons, vu l'exiguïté des bénéfices que l'entreprise promettait.

Nous souhaitons à M. Alibert un plein succès dans son dessein de fonder une fabrique de crayons, et nous déclarons solennellement que le graphite qu'il a annoncé est de qualité excellente; mais nous supplions M. Alibert de ne pas s'attribuer la découverte d'une richesse connue déjà depuis longtemps, et que lui ont indiquée les Cosaques de la frontière. Il reste encore toujours beaucoup pour son honneur et pour sa gloire. Qu'il fonde à Irkoutsk, par exemple, une fabrique de crayons et que des mains de femmes se trouvent occupées par le travail facile de scier le graphite en barrettes! N'est-il pas flatteur de porter le nom de fondateur d'un établissement qui donnerait aux habitants le moyen de gagner de l'argent par un travail facile? Est-ce que toute la Russie et l'Europe entière ne lui seront pas reconnaissantes s'il leur fournit d'excellents crayons? Et si son établissement prend des proportions telles que ses crayons puissent

(1) La verste équivaut à 1 kilomètre 67 mètres.

être exportés, l'État aura gagné un nouveau revenu par le prélèvement des droits de sortie.

Le graphite du Gargan ne se trouve pas à une bien grande distance de l'Oka. Cette rivière se jette dans l'Angara et celle-ci dans le Jénisseï. Du Jénisseï on transporte les marchandises, par terre, dans le fleuve de l'Ob, et ensuite par eau jusqu'à la chaîne de l'Oural. De là, par terre, jusqu'à la Kama, qui se jette dans le Volga, le transport par eau est deux fois meilleur marché que le transport par terre. Le malheur veut que la rivière Oka, près de laquelle se trouve le graphite, n'ait pas été essayée pour la navigation ; peut-être a-t-elle des rapides et des bancs de sable, quoiqu'on n'en entende point parler.

Il reste encore une question irrésolue : l'étendue de la veine de graphite trouvée par M. Alibert est-elle bien grande? En a-t-on étudié les embranchements? Quels ont été les résultats de cette étude? Peut-être n'a-t-il été découvert qu'un nid entassé, après lequel viennent des roches ordinaires.

Nous ne pouvons rien dire ni pour ni contre M. Alibert, puisque nous n'avons pas vu ses travaux.

Nous croyons cependant, sur certaines données, que le graphite est inépuisable dans les montagnes, près du poste de sentinelles Norinkoroïsk.

Les morceaux de graphite que l'on trouve à la surface de la terre se rencontrent presque à chaque pas, et ils sont tous de qualité excellente.

EXTRAIT DE L'ABEILLE DU NORD

DU 26 MARS 1856

Réfutation des erreurs que contient l'article de la **Gazette de Saint-Pétersbourg**.

Tout le monde connaît la découverte faite en Sibérie, par M. Alibert, d'une mine de graphite.

La *Gazette de St-Pétersbourg* (n° 4, année 1856) et l'*Abeille du Nord* (n° 13, même année) ont écrit des articles à ce sujet.

D'autre part, l'assemblée générale de la Société impériale économique libre, a publié un rapport sur cette découverte, et comme il résulte des procès-verbaux de leurs assemblées, la Société impériale minéralogique de Saint-Pétersbourg, la Société géographique russe, et la Société des naturalistes de Moscou ont suivi cet exemple; enfin,

M. Alibert a reçu une lettre du vice-président de l'Académie impériale des beaux-arts et un certificat du conseil de ladite Académie, signé par douze membres, constatant l'importance de la découverte et la valeur du minéral découvert.

Il semble que le témoignage de ces autorités, aussi compétentes que dignes de foi, eût dû difficilement laisser place au doute sur la réalité de cette découverte.

Cependant des hommes, qui ne sont pas sérieux il est vrai, non-seulement prétendent douter du mérite de notre pionnier de la science et de l'industrie, mais ils veulent encore ébranler la croyance en sa découverte et ravaler son œuvre, en la traitant de bagatelle.

Ce qui nous étonne, c'est de voir le journal qui, l'un des premiers a parlé de M. Alibert et de sa découverte, faire paraître ensuite un article hostile sur le même sujet. Nous ne pensons point qu'on puisse appeler un tel procédé de l'impartialité.

Mais venons au fait :

Le n° 41 de la *Gazette de Saint-Pétersbourg* et le n° 44 de la *Gazette de police*, de Moscou, contenaient l'un l'article, l'autre la reproduction de l'article intitulé : *Irkoutsk;* article prétendu d'un correspondant de Sibérie, dirigé contre M. Alibert et sa découverte, et, par conséquent, contre tous ceux qui auraient aveuglément ajouté foi aux promesses du faux explorateur de graphite.

Cet article décèle une ignorance complète de tout ce qui concerne le graphite, et même de la localité où se trouve le gisement en question. Bien que le correspondant se qualifie de *Sibérien*, il commet une foule d'erreurs, et parle de M. Alibert, non comme d'un homme qui a fait une découverte plus ou moins utile, mais comme d'un marchand de *bagatelles* apportées par lui de Paris, et revendues avantageusement à Irkoutsk.

De là, il tend à prouver que la découverte de M. Alibert n'est qu'un leurre de spéculateur!

On peut s'occuper de toute espèce de spéculations, pourvu qu'elles soient honnêtes. L'importance et la nature des objets trafiqués ne signifient rien.

Toute spéculation probe est irréprochable et mérite gratitude et encouragement. Les hommes qui nous apportent le confort et les objets d'utilité et de luxe des pays éloignés, les hommes qui triomphent de distances et d'obstacles qui paraissaient insurmontables, sont dignes d'estime et de reconnaissance.

Qu'importe qu'un homme ait commencé son commerce par des objets de bijouterie, s'il finit par une découverte considérable pour la science, les arts et l'industrie.

Du reste, comme on peut l'apercevoir par le *Journal de Saint-Pétersbourg* (n° 37, année 1846) et par la *Gazette de Saint-*

Pétersbourg (n° 179, même année), M. Alibert ne s'est pas seulement occupé de futilités.

Dans la seule année 1845, il a fait don au gouvernement d'Irkoutsk, pour de bonnes œuvres, de 12,500 roubles assignats, dont 10,000 destinés à la seule ville incendiée de Troitzkosavsk.

Bagatelles, futilités. — Eh bien! où est le mal? Le mal, c'est l'envie; les mauvaises gens, ce sont les envieux! Chacun peut avancer le pied pour nous faire tomber. Tendre la main à une œuvre bonne et honnête, n'appartient pas à tout le monde.

« *Ce n'est pas M. Alibert*, dit le correspondant de la GAZETTE DE ST-PÉTERSBOURG, *qui a découvert le graphite, ce sont les Cosaques, les sentinelles cosaques, les habitants de la forteresse de Tounka.*»

Oui, ce sont les Cosaques qui ont découvert même la Sibérie, ce royaume de l'or, et cependant, dans l'histoire des chercheurs d'or, toujours M. Popow figure en tête; M. Popow est regardé, à juste titre, comme le Russe ayant découvert le premier sable aurifère en Sibérie; sa découverte lui vaut des priviléges particuliers dont il jouit encore, quoique bien avant lui, comme doit le reconnaître le correspondant de la *Gazette de Saint-Pétersbourg*, on sût qu'il y avait de l'or en Sibérie, quels étaient ses gisements et comment on pouvait l'extraire.

Citons encore une découverte, celle de la pomme de terre.

La pomme de terre, comme chacun le sait, a été découverte par des animaux domestiques que Parmentier élevait en Amérique. Dans tous les dictionnaires biographiques, cependant, ceux du moins que nous avons lus et feuilletés, nous avons toujours rencontré le nom de Parmentier, et non pas le nom d'un autre!..... « *Ainsi, plusieurs personnes sont convaincues*, dit le correspondant de la GAZETTE DE SAINT-PÉTERSBOURG, *que c'est Humboldt qui a découvert le diamant dans les monts Ourals, tandis que le grand savant n'a fait qu'en prédire la découverte, se basant...*, » etc. Toutes les personnes compétentes savent sur quoi devait se baser Humboldt pour prévoir des gisements de diamants dans l'Oural, mais nous ne savons pas sur quoi se base le correspondant de la *Gazette de Saint-Pétersbourg* pour se contredire lui-même?..... Si Humboldt n'a fait que *prédire* les diamants, les Cosaques de la forteresse de Tounka ne sont que les *prophètes* du graphite, et M. Alibert, dans ce cas, donne, par sa découverte, la solution d'un problème : il résout l'équation du graphite.

Il reste encore à prouver l'ignorance des lieux et des affaires dont fait preuve la *Gazette de Saint-Pétersbourg*; mais ici nous laisserons parler des personnes qui connaissent mieux que nous et la localité et les affaires en question.

Voici des lettres reçues à ce sujet par la rédaction de l'*Abeille du Nord* :

PREMIÈRE LETTRE

« Saint-Pétersbourg, le 6 mars 1856.

« J'ai lu le n° 41 de la *Gazette de Saint-Pétersbourg*, qui contient un article intitulé *Irkoutsk*, dirigé contre la primauté de la découverte de graphite par M. Alibert, et qui indique la localité même où se trouve le graphite. Voyant que cet article manque de vérité, je considère comme mon devoir d'établir d'abord que les connaissances topographiques de M. le correspondant de la *Gazette de Saint-Pétersbourg* sont fausses, quant à ce qui regarde la mine de graphite de M. Alibert.

« Envoyé par les autorités supérieures à la recherche de *pierres de couleur*, j'ai eu l'occasion de traverser les contrées où a commencé, où s'effectue, et où s'achèvera probablement l'entreprise géognostique et industrielle de M. Alibert. Ce n'est pas à vol d'oiseau seulement que j'ai vu ces parages : je les ai habités pendant six années, durant lesquelles je les ai étudiés en les parcourant en tous sens.

« Le gisement de graphite de M. Alibert a été découvert sur le rocher nu de Batougol, au bord de la rivière du même nom, qui forme un affluent du fleuve Bélaïa, et non pas le long de la rivière *Gargan*, comme le dit le correspondant de la *Gazette de Saint-Pétersbourg*.

« Par conséquent, si ce dernier parle d'un gisement de graphite quelconque, ce n'est pas assurément de celui de M. Alibert, et il n'a par conséquent aucun droit à le juger. Quant à ce qui regarde l'assertion de M. le correspondant de la susdite *Gazette de Saint-Pétersbourg*, savoir que *l'on trouve à chaque pas des morceaux de graphite et de la plus belle qualité*, et que ledit correspondant en aurait vu sur les bords du Gargan, je puis affirmer qu'ayant côtoyé cette rivière depuis son embouchure dans l'Oka jusqu'à sa source, où l'on ne rencontre qu'un petit nombre de chasseurs Soïotes qui y ont pénétré, non-seulement je n'ai vu aucun morceau de graphite, mais pas même la moindre trace de ce carbone.

« Il paraît que M. le correspondant de la *Gazette de Saint-Pétersbourg* a été plus heureux que moi!...

« Plus loin, le correspondant insinue que M. Alibert s'est joint à une compagnie de chercheurs d'or, et que, n'ayant pas trouvé d'or, il a rencontré la trace d'un graphite déjà trouvé, et qu'il s'est de la sorte, pour ainsi dire, approprié la découverte d'un autre. Ces témérités m'ont paru plus qu'étranges et inconvenantes.

« Le négociant Alibert s'occupait à chercher des gisements et non pas seulement des morceaux de graphite, ce qui constitue une différence importante pour tout homme éclairé.

« Il a consacré à cette recherche neuf années, remuant le terrain, non-seulement sur le rocher nu de Batougol, mais en bien d'autres endroits encore, nommément sur les rives du Baïkal, sur celles de la rivière Besïmïanka, sur celles du Koschogol et dans l'île d'Ollkhone, localités qui embrassent une étendue de 700 verstes, et où il a également fait des découvertes importantes.

« Toutes ces mines ont été déclarées aux autorités légales d'Irkoutsk.

« Il serait curieux de savoir à quelle compagnie de chercheurs se serait joint M. Alibert, comme l'assure M. le correspondant. Nous autres Sibériens, nous savons du moins que, depuis 1844, M. Alibert s'est occupé de recherches minéralogiques et a fait la découverte de gisements d'or et d'autres minéraux, en vertu d'un privilége accordé à lui individuellement.

« Pour mener à fin ces recherches M. Alibert était tout à fait seul avec son propre personnel.

« Nous nous sommes souvent rencontrés.

« Quant à la mine de graphite de Batougol, appartenant à M. Alibert, j'y ai été plusieurs fois, m'occupant à chercher des pierres de couleur dans le même système de montagnes, et l'histoire de ses découvertes m'est parfaitement connue.

« Voilà pourquoi, sans enthousiasme, par pure sympathie pour une découverte bien réelle, et tenant avant tout à la vérité, je déclare que la découverte du graphite naturel, en Sibérie, appartient exclusivement à M. Alibert.

« G. PERMIKIN. »

SECONDE LETTRE

« Moscou, le 25 février 1856.

« A propos de l'article daté d'Irkoutsk et imprimé dans le n° 41 de la *Gazette de Saint-Pétersbourg*, un correspondant inconnu cherche à prouver que ce n'est pas M. Alibert qui a découvert un gisement de graphite dans la Sibérie orientale.

« A cette assertion, nous nous sentons involontairement portés à déclarer ce que nous savons sur une affaire, qui s'est passée en notre présence.

« M. Alibert est un homme actif; nous l'avons vu en Sibérie dans les moments les plus difficiles, et nous devons dire que son entreprise, en ce qui concerne la découverte du gisement de graphite, entreprise qui a coûté des peines effroyables, n'a pu être résolue et faite qu'avec la force, la fermeté et le calme d'esprit qui le caractérisent.

« Il est lui-même menuisier, maréchal, mécanicien, charpentier, ingénieur; en un mot, il est tout dans une mine.

« Après avoir étudié, en Angleterre, dans les mines de Borrowdale, la manière dont s'effectuent les travaux, il l'a enseignée à nos ouvriers sibériens, et, riche de ces connaissances et de ces moyens, il s'est mis à l'étude des gisements du graphite et l'a menée à bonne fin.

« On rencontrait bien de petits morceaux de galets de graphite avant que M. Alibert se mît à chercher un gisement, mais ces galets n'étaient que des indices qui pouvaient conduire à la conviction que l'on trouverait du graphite en Sibérie.

« On voyait, il est vrai, des galets pareils près de Catherinebourg et près des usines de Nertchinsk, mais cela ne constituait pas la découverte d'un gisement.

« Voilà en quoi consiste toute la différence et où se trouve tout le mérite de M. Alibert.

« Animé par l'idée et l'espoir d'une découverte positive, il a passé huit années en recherches; il a dépensé plus de 80,000 roubles d'argent, il a découvert enfin le gisement; mais à présent aussi, quoiqu'il ait trouvé du graphite à 24 toises de profondeur de son puits, graphite dont la belle qualité ne le cède en rien à celui de Borrowdale, il n'est pas encore satisfait. Il étudie, il cherche un matériel supérieur, ayant devant ses yeux l'immense étendue sondée par lui, et particulièrement un gisement de graphite accompagné de roches protoplastes, couche épaisse et généreusement répandue dans toute la localité qui lui est allouée.

« Quant aux bords de la rivière Gargan, on y rencontre aussi probablement des galets de graphite de qualité grossière, et M. Alibert doit sans doute les avoir vus. Il aura traversé ces localités, et il en aura probablement aussi rencontré des galets dans d'autres endroits beaucoup au delà du Gargan.

« Il aura même trouvé, croyons-nous, non-seulement des galets de graphite, mais du graphite même, des remblais à nids du même graphite grossier; il les a sans doute traversés également, mais il ne se sera arrêté que sur le mont le plus élevé, sur le Batougol, éloigné de plus de 70 verstes du Gargan, et situé non pas près de l'Oka, comme l'affirme le correspondant de la *Gazette de Saint-Pétersbourg*, mais d'un côté tout à fait opposé.

« L'itinéraire tracé par ce correspondant, pour le transport futur du graphite, se trouve donc tout à fait irréalisable, et témoigne de son ignorance de la localité.

« Du reste, le transport et la vente d'une marchandise sont deux choses tout à fait différentes.

« M. Alibert n'est préoccupé que d'une chose : obtenir, autant que possible, du graphite de première qualité.

« Mû par cette seule pensée, il ne doit point avoir le temps de s'occuper de la polémique. »

La lettre est signée : « F. GOR-OV, V. MAR-OV, N. KAN-SKY, *Sibériens, chercheurs d'or.* »

Terminons par une nouvelle réflexion.

Le premier article de la *Gazette de Saint-Pétersbourg*, sur le graphite et sur M. Alibert, a été imprimé le 5 janvier de l'année courante.

La poste met au moins un mois pour arriver à Irkoutsk et autant pour retourner.

Par conséquent, l'article du correspondant n'a pu arriver à Saint-Pétersbourg que le 5 mars.

Comment se fait-il qu'il ait paru dans les colonnes du journal le 19 *février?* On dirait, Monsieur, que votre lettre, datée de Sibérie, est partie de la poste de Saint-Pétersbourg.

P. KAMENSKY.

EXTRAIT DU JOURNAL LE NORD, DE BRUXELLES

DU 19 AVRIL 1856

Correspondance particulière du Nord

Saint-Pétersbourg, 27 mars/8 avril.

Je vous ai parlé dans le temps d'une correspondance qui avait été adressée d'Irkoutsk au *Journal* (russe) *de Saint-Pétersbourg*, et qui tendait à contester à M. Alibert le droit de se considérer comme l'auteur de la découverte, dans la Sibérie orientale, de la mine de graphite dont nos journaux s'entretiennent depuis longtemps.

L'*Abeille du Nord* vient de prendre fait et cause pour M. Alibert.

Elle démontre, avec beaucoup de justesse et par les preuves les plus authentiques, que tous les faits qu'avance son confrère sont entièrement controuvés.

Elle reproduit les protestations de deux Sibériens, dont l'un a passé plusieurs années sur les lieux mêmes où se trouve cette mine, et y a fait, par ordre du gouvernement, des recherches minéralogiques.

Elle cite le compte rendu des séances des sociétés économique, minéralogique, géographique et autres, de Saint-Pétersbourg et de Moscou, où les échantillons de graphite produits par M. Alibert ont été examinés et analysés.

Enfin elle produit des lettres adressées à M. Alibert par ces sociétés et même par l'Académie des beaux-arts, qui toutes lui expriment l'intérêt qu'elles prennent à sa découverte et la reconnaissance que le pays, la science et les arts lui doivent.

Il résulte donc de tous ces documents que c'est bien à M. Alibert que revient l'honneur de la découverte des mines de Batougol, qu'il y a sacrifié des sommes immenses et qu'il s'y est voué avec une rare abnégation; que l'existence de cette mine pouvait être supposée, mais n'était nullement connue, et que ce n'est qu'après huit années de peines, de travaux et d'infatigables recherches qu'il est parvenu à la trouver à cinquante ou soixante mètres de profondeur au-dessous de la surface du sol.

Pendant ces huit années, il a poussé ses investigations le long du Baïkal et des rivières de Bésimianka, de Koschogol et sur l'île d'Ollkhon, c'est-à-dire sur une étendue de plus de sept cents kilomètres.

Les échantillons de son graphite ont été analysés par les procédés de la science et ont donné les meilleurs résultats.

Toutes ces analyses et tous les rapports constatent également que ce graphite est tout aussi bon que celui de la fameuse mine, aujourd'hui épuisée dans le Cumberland, en Angleterre.

En outre, l'Académie des Beaux-Arts a notamment délivré à M. Alibert un certificat dans lequel elle déclare que les crayons faits de ce graphite ne le cèdent en rien, pour l'usage du dessin, aux excellents crayons de Brookmann, qui étaient fabriqués avec le graphite anglais.

Cette industrie, qui a si longtemps prospéré en Angleterre, peut donc aujourd'hui se développer en Russie. Il est tout naturel, par conséquent, que nos sociétés savantes et nos hommes compétents s'empressent de reconnaître le service que M. Alibert vient de rendre au pays, et que la correspondance en question tendait à lui refuser.

Ce qu'il y a de plus piquant dans tout cela, c'est que, d'après ces documents, la mine de M. Alibert ne serait nullement située là où le prétendu correspondant d'Irkoutsk la place.

M. Alibert l'a trouvée, non pas, comme le prétend ce correspondant, près de la rivière de Gargan, mais sur la montagne de Batougol, qui fait partie de la chaîne des monts Saïan, à quatre cents kilomètres environ de la ville d'Irkoutsk.

Cette étrange erreur pour un habitant de la Sibérie a été adroitement relevée par l'*Abeille du Nord*, qui s'est donné en même temps la malicieuse satisfaction de calculer et de prouver que la poste mettant un mois pour arriver d'Irkoutsk à Saint-Pétersbourg, la lettre de ce correspondant n'avait pu venir de Sibérie.

Ce n'est donc pas seulement, comme vous voyez, dans les bureaux du *Constitutionnel* que se fabriquent des correspondances particulières datées des contrées les plus éloignées.

EXTRAIT du *Journal le Nord*, N° 110,
du 19 Avril 1856.

EXTRAIT DU JOURNAL

DE LA SOCIÉTÉ IMPÉRIALE ÉCONOMIQUE LIBRE

De Saint-Pétersbourg

DU 10 OCTOBRE 1859

Graphite de Sibérie.

Nos souscripteurs se rappellent sans doute les protestations élevées en 1856, contre la priorité de la découverte d'un excellent graphite, faite par M. Alibert dans une des ramifications du mont Saïan.

Provoquées par un mémoire qui a été lu à l'Assemblée générale de la Société impériale économique par un de ses membres, M. Khotinski, ces protestations se bornaient à déclarer que l'existence du graphite en Sibérie était connue longtemps avant M. Alibert.

Quoi qu'il en soit, et quelque objection qu'on puisse faire à cette allégation, évidemment la connaissance seule de ce fait n'a guère de portée; le mérite de la découverte du graphite appartient surtout et pour ainsi dire à celui qui a su l'utiliser.

Il faut donc rendre justice à M. Alibert qui est parvenu, à force de persévérance et d'intelligence, à faire de ce graphite une branche utile pour l'industrie de la Sibérie et de toute la Russie.

M. Alibert nous a montré, pendant son séjour à Saint-Pétersbourg, au mois de septembre dernier, des échantillons d'un graphite dont la qualité ne le cède en rien à la qualité supérieure du graphite d'Angleterre. Il a promis de nous faire parvenir des morceaux bruts et des pièces travaillées de ce minéral pour l'Exposition qui doit avoir lieu cette année.

En attendant, nous empruntons au n° 32 de la *Gazette d'Irkoutsk*, un intéressant article de M. Lwoff, qui prouve la marche pleine de succès de l'exploitation du graphite à la mine de M. Alibert.

Cet article est ainsi conçu :

« Il faut avoir voyagé dans les steppes de la Sibérie, il faut avoir passé par ces sentiers à peine praticables, tantôt sur des plaines marécageuses, tantôt sur des rochers couverts de neiges perpétuelles; il faut avoir traversé les torrents des montagnes, s'être séché auprès d'un feu en plein vent ou dans une tente nomade; avoir couché à la belle étoile, exposé aux morsures de toute espèce d'insectes, pour comprendre le sentiment que l'on éprouve dans ces contrées à la vue d'une cabane quelconque.

« Mais si, au lieu d'une cabane, on rencontre dans ces déserts une maison construite à l'Européenne, avec toutes les commodités possibles; si l'on voit partout autour de soi des traces d'un travail productif et de l'intelligente activité de l'homme, alors un sentiment agréable, éveillé par le confort, nous dispose à mieux apprécier les bienfaits de la civilisation, et nous pénètre d'une profonde estime pour ceux qui l'introduisent et la répandent dans un pays sauvage.

« Il viendra un temps où les vainqueurs pacifiques de la nature seront plus vénérés que les représentants de la force brutale, si prônés et couronnés par nos ancêtres.

« Alors des armées d'industriels entreprendront avec courage de lutter avec la nature, et exécuteront des travaux gigantesques, qui serviront à jamais de témoignages à la force intellectuelle de l'homme. Ces travaux rendront l'existence plus facile en répandant partout le bien-être et remplaceront enfin des armées souvent héroïques, mais semant toujours sur leur passage la mort et la dévastation, et anéantissant en un seul jour les fruits des travaux de plusieurs siècles, et les forces productives de leur patrie et du pays de l'ennemi.

« Ces pensées se présentent à l'esprit quand on arrive à la mine de M. Alibert.

« A 150 verstes à la ronde, on ne voit que des rochers nus, dont les sommets, éternellement couverts de neige, s'élèvent çà et là bien au-dessus de toute végétation.

« Combien n'a-t-il pas fallu de force, de volonté inébranlable pour entreprendre dans un tel endroit une exploitation quelconque !

« Tout paraît facile à ceux qui ne sortent jamais de leur cabinet. Qu'est-ce donc que cette découverte? diront-ils. Depuis longtemps, on savait que des morceaux de graphite se trouvaient dans les torrents des environs du Baïkal et auprès de Tounka.

« Voilà ce qui constitue précisément le mérite de M. Alibert. Les autres n'ont fait qu'entrevoir par hasard un fait; lui, le premier, après des recherches laborieuses, a remonté jusqu'à l'origine de ce fait, en a fait une réalité, et, après l'avoir découvert véritablement, a su l'exploiter.

« Au contraire d'une mine d'or, qui enrichit de suite l'orpailleur heureux, M. Alibert ne pouvait avoir en perspective des bénéfices que dans un avenir éloigné; il n'a point hésité, et s'est acquis par cela de véritables droits à l'estime de ses compatriotes.

« Que ceux qui ne voudraient pas rendre justice à la découverte de M. Alibert se donnent la peine de faire à cheval une promenade de 600 verstes, à travers les précipices du mont Saïan, les plaines marécageuses et les rochers à pic ; qu'ils traversent les torrents, qui, dans ces contrées, roulent leurs eaux accrues par la fonte des neiges et tombent des montagnes avec une rapidité effrayante ; qu'ils respirent l'atmosphère des régions des nuages où l'on se trouve, alors assurément ils reconnaîtront combien il est pénible d'arriver au rocher Batougol.

« Enfin, on atteint la mine, à une hauteur de 7,000 pieds au-dessus du niveau de la mer, par une chaussée étroite, bordée de blocs de roches, du côté de la pente escarpée du rocher. De là, on voit s'élever le clocher de la chapelle; en montant encore un peu, apparaît aux regards étonnés une rangée de bâtiments entourés de balustrades et de galeries aux avenues régulières et pavées en pierres. Enfin, en avançant par une montée à pente douce, se montre à la gauche du voyageur un bâtiment à toit vitré.

« C'est l'entrée de la mine, nommée *le Puits;* puits destiné, non à donner de l'eau, mais à tirer du sein de la terre un riche minéral.

« Ce mot de puits pourrait rappeler à l'imagination de ceux qui ont visité des mines ou qui en ont entendu parler, une obscurité profonde et une étroite échelle que l'on descend en se tenant des deux mains aux échelons, pour ne pas tomber dans l'abîme. Il n'y a rien de cela ici. Vous pénétrez sous un toit vitré et vous oubliez que vous êtes dans une mine. Sans la présence des différentes machines qui vous le rappellent, vous pourriez vous croire à l'entrée de quelque palais souterrain. Vous descendez huit sagènes (18 mètres) par un escalier large et sans raideur, aux rampes belles et solides; ensuite si vous désirez voir les fouilles latérales, vous pouvez pénétrer encore à la profondeur de huit autres sagènes, par des escaliers moins beaux, il est vrai, que les premiers, mais à coup sûr beaucoup plus commodes que ceux des autres mines.

« En regardant autour de soi on voit, à la lumière des chandelles, le filon de graphite renfermé dans une roche dure (granit siénite), et on se demande quelle force a pu détacher ces masses!

« Examinez ces longs et étroits enfoncements dans la roche faits avec l'acier, et vous le comprendrez. Quelques grammes de poudre, placés dans ces cavites et allumés avec les précautions nécessaires, suffisent pour détacher les blocs dont on sépare le graphite.

« Il est évident qu'un tel travail ne peut avancer que très-lentement.

« Mais quittons l'empire de Pluton et remontons à la surface de la terre. La cloche appelle au dîner, servi dans une galerie qui fait partie du même bâtiment que le puits et la cuisine.

« Chaque ouvrier, si c'est le repas du matin, qui consiste en thé, va chercher sa cuiller dans une armoire, ou son bol en bois.

« Au dîner, une abondante soupe au gruau, avec une livre et demie de viande pour chacun, forme un repas certainement bien appétissant; il l'est encore plus après le travail, surtout avec d'excellent pain à discrétion. J'avoue que, tout en aimant l'économie, il me répugne toujours de voir les partages parcimonieux de trois ou quatre livres de pain par tête, comme on le fait ordinairement en Russie; pour l'un c'est trop, pour l'autre c'est trop peu. En effet, si l'on veut que l'ouvrier travaille bien, il faut avant tout qu'il soit bien nourri.

« Ajoutons que nous arrivâmes au rocher de Batougol le 17 juin. Ce jour-là, ainsi que le 20, il tomba beaucoup de neige. En admettant même que l'on pût à cette époque faire arriver le bétail, le transport de la farine devenait complétement impossible, même à dos de cheval; car l'unique moyen de se procurer des provisions à la mine n'est possible qu'en hiver, par la voie des rivières gelées. On les fait venir des villages situés à une distance de deux cents ou au moins de cent cinquante verstes (environ 160 kilomètres).

« Toutes les provisions qui se trouvent à la mine (et vous en trouverez beaucoup) y sont parvenues de cette manière, car la plaine ne produit absolument rien.

« On voit cependant dans cette plaine, sise au-dessous des limites de la végétation, auprès d'une belle ferme, un jardin potager où croissent, au prix des plus grands soins, des pommes de terre et des carottes de très-petite taille. C'est là tout ce qu'on peut tirer d'un terrain dans une contrée où la température moyenne est de trois degrés au-dessous de zéro.

« Poussons plus loin notre visite. Nous ne pénétrerons pas dans les appartements du propriétaire de la mine, quoique la porte ouverte d'une grande cuisine à l'anglaise, une tapisserie riante, et des tableaux entrevus excitent la curiosité. Mais supposons que le maître du logis ne soit pas hospitalier; d'ailleurs il est absent. — Passons le portail et examinons cette muraille en pierres sèches, haute de trois sagènes et épaisse de deux sagènes et demie, qui s'étend sur un espace de cinquante sagènes (107 mètres).

« Cette muraille, construite de fragments de granit et de roches retirés de la galerie souterraine, est destinée à protéger la mine contre les vents continuels d'automne, qui pourraient, sans une telle précaution, ensevelir dans la neige le propriétaire et ses constructions. Devant la muraille s'élèvent deux coupe-vent de cinq sagènes de hauteur, sur quinze sagènes de longueur, à l'angle aigu desquels les vents, divisés et renvoyés le long du mur, emportent les neiges, qui suivent alors la direction donnée, et vont se jeter dans les ravins voisins. Par cette disposition ingénieuse, les habitants de la mine se trouvent à l'abri des intempéries de l'atmosphère : au milieu de la tempête ils jouissent d'un calme parfait sur la cime même du rocher Batougol.

« En suivant le chemin, bordé de pierres, apparaît un autre vaste bâtiment.

« C'est là que le graphite est assorti, scié et emballé; des milliers de caisses en bois de cèdre l'attendent pour le transporter à Nuremberg, à la manufacture de crayons Faber, d'où il se répand ensuite dans tout l'univers.

« Entre les mains de qui ne voit-on pas le graphite? l'Américain des États-Unis s'en sert pour jeter en passant une note sur le papier; une Française l'emploie pour créer quelques-uns de ces jolis dessins destinés à orner la toilette des dames; une lady Anglaise, dans ses pérégrinations de touriste, esquisse un paysage de la Suisse ou de l'Écosse; une Allemande sentimentale, dans son isolement, trace sur l'écorce d'un arbre quelque souvenir poétique. Peut-être le crayon nous reviendra-t-il pour écrire à la marge des papiers officiels les mots sacramentels : *A prendre connaissance* pour faire un rapport, etc., etc. Mais laissons là le domaine de l'imagination et revenons à notre sujet.

« Nous avons visité divers bâtiments sans y remarquer même un clou négligemment enfoncé. Tout est à vis. Vous n'apercevez nulle part de trace de cette négligence des travaux russes, désignés dans notre langue par ces expressions : *faire à peu près, comme ci comme ça, au hasard, cela ira*, etc., etc.

« Tout à Batougol est bien fait, solide, calculé pour longtemps; partout l'ordre et la propreté réjouissent les yeux et l'âme.

« En montant encore une centaine de pas vers le nord, par une avenue bordée d'un parapet en pierre sèche, on arrive à la chapelle. Supposons, pour plus d'effet, que ce soit le soir, au coucher du soleil, dont les rayons tantôt dorent, tantôt rougissent les neiges, qui couvrent les sommets des rochers voisins. Une couleur dorée pénètre alors jusqu'au fond de l'édifice, à travers les vitraux coloriés, sur lesquels vous voyez de saintes images peintes à l'instar des églises du moyen âge.

« Dans les embrasures des fenêtres il y a aussi des peintures, parmi lesquelles deux belles copies chromolithographiques d'anciennes images du XIVe siècle. Le maître-autel, sur lequel repose le Saint Évangile, richement relié, est couvert d'un taffetas couleur de rose, orné de dentelles et de fleurs. Sur l'autel même, sont placées des saintes images catholiques. Le lecteur doit trouver étrange un tel assemblage du gothique, de l'ancien bysantin et du catholique; mais s'il voyait l'élégance et l'art avec lequel tout y est harmonisé, il conviendrait qu'on ne saurait désirer rien de mieux pour la splendeur et la majesté d'un lieu de prière.

« Les fouilles commencent derrière la chapelle, au nord, et s'étendent sur un espace de 483 sagènes (1,033 mètres), vers le sud du puits, croisant la veine. Elles atteignent souvent la longueur de 50 sagènes, et on y trouve à la profondeur de deux pieds, non-seulement de la roche entremêlée de graphite, mais même des morceaux détachés de ce minéral.

« Le 19 juin, on fit en ma présence une nouvelle fouille à la distance de 40 sagènes des fouilles principales.

« Le succès fut le même. Si le graphite que l'on extrait en cet endroit n'est pas de la même couche, il appartient, à mon avis, à un autre filon, non moins riche, qui doit joindre le premier à une petite distance de l'extrémité septentrionale des fouilles actuelles, c'est-à-dire à une verste à peu près au nord du puits.

« En admettant que l'épaisseur du filon déjà découvert ne soit que de treize sagènes (et l'on pourrait en supposer beaucoup plus d'après le filon du puits), alors toute la masse de la roche contenant du graphite doit peser cinq cent quarante millions de poudes.

« Or, en basant ce calcul approximatif d'après le rapport qui existe constamment entre la roche et le graphite y contenu (180,000 : 2,500), on peut évaluer à 7,000,000 de poudes, au moins, le poids du graphite que le terrain doit renfermer.

« On doit donc supposer que l'exploitation pourra durer des siècles, à cause de la congélation du terrain, qui, même à la surface, ne laisse pénétrer souvent les outils qu'à deux ou trois pouces à la fois.

« Or, le poude du graphite de la première qualité se vend cent roubles d'argent.

« Depuis le 1er janvier jusqu'au 1er mai de l'année courante, on a exploité dans le puits principal douze sagènes cubiques de terrain, d'où l'on a retiré, sur 33,696 poudes de roche, 446 poudes de graphite de première qualité, et 600 de qualité inférieure. Le tout a été obtenu en 697 journées de travail et avec cinq poudes de poudre employée pour l'extraction.

« Il y a en outre encore plus de mille poudes de graphite emmagasiné, tiré des fouilles, et qui attend pour être assorti les mains habiles de son propriétaire; M. Alibert exécute toujours lui-même ce travail.

« Je fus envoyé à la mine de graphite pour en faire l'inspection sous le rapport de la régularité des travaux, de la sécurité de leur exécution, de l'entretien des mineurs, et pour vérifier la comptabilité. Je l'avoue, je m'y rendais avec cette prévention que je n'y trouverais qu'une belle apparence. Qu'on juge de ma satisfaction en découvrant une organisation parfaite et d'autant plus réelle que je n'étais pas attendu, et que le maître était absent.

« Heureux l'inspecteur qui, au lieu d'avoir à signaler, en cette circonstance un désordre et des abus, malheureusement trop fréquents, éprouve le bonheur de pouvoir, en toute conscience, attester devant ses chefs un excellent état des lieux inspectés, excellent état exclusivement dû à l'ordre parfait qui y règne, et à la générosité du maître.

« C'est donc avec un sentiment de véritable satisfaction que je m'acquitte de la mission dont ma chargé Son Excellence le général Wentzel, gouverneur de la Sibérie orientale, que je livre à la publicité ce mémoire sur la mine Alibert, et que j'exprime l'impression favorable que m'a fait éprouver tout ce que j'y ai vu.

« On est toujours heureux de rendre justice aux hommes qui, par leur activité productive et intelligente, contribuent au développement et à la prospérité du pays. »

Signé, LWOFF.

Pour traduction conforme à l'original en langue russe :

Le Consul général,

A. DE BERG.

Londres, le 10/28 août 1862.

PARIS. — IMP. POITEVIN, RUE DAMIETTE, 2 ET 4.

www.ingramcontent.com/pod-product-compliance
Lightning Source LLC
LaVergne TN
LVHW012103170726
843501LV00008BB/2744
* 9 7 8 2 3 2 9 6 4 0 3 2 7 *